# 讲故事、话安全、说法律

## ——电力设施保护案例警示图册

国网山东省电力公司蓬莱市供电公司　编

U0260688

中国电力出版社
CHINA ELECTRIC POWER PRESS

## 内 容 提 要

压降触电人身伤害案件数量不是最终目的，关键在于治本。因此，我们收集剖析蓬莱市供电公司发生的与电力设施保护有关的安全典型案例，编写了这本《讲故事、话安全、说法律——电力设施保护案例警示图册》，以案释法，充分发挥典型案例的警示作用。在讲解时，将每个案例分为：事故经过、原因、责任分析、应吸取的事故教训、防范措施等进行剖析。

希望大家认真阅读和学习书中的每一个事故案例，努力从每一起事故中吸取教训，纠正自己的一些不良工作行为或习惯，使自己在今后的工作中自觉地遵章守纪，主动关心他人安全，坚决防范触电人身伤害事故。

## 图书在版编目（CIP）数据

讲故事、话安全、说法律：电力设施保护案例警示图册 / 国网山东省电力公司蓬莱市供电公司编 . —北京：中国电力出版社，2019.3 （2019.6 重印）

ISBN 978-7-5198-0484-8

Ⅰ . ①讲…　Ⅱ . ①国…　Ⅲ . ①电气设备—保护—图解

Ⅳ . ① TM7-64

中国版本图书馆 CIP 数据核字（2019）第 035001 号

出版发行：中国电力出版社
地　　址：北京市东城区北京站西街 19 号（邮政编码 100005）
网　　址：http://www.cepp.sgcc.com.cn
责任编辑：马首鳌　（010-63412396）
责任校对：王小鹏
装帧设计：王红柳
责任印制：杨晓东

印　　刷：北京博图彩色印刷有限公司
版　　次：2019 年 3 月第一版
印　　次：2019 年 6 月北京第二次印刷
开　　本：880 毫米 ×1230 毫米　32 开本
印　　张：2
字　　数：55 千字
印　　数：3001—6000 册
定　　价：18.00 元

《讲故事、话安全、说法律——电力设施保护案例警示图册》

# 创作人员名单

## 顾问委员会

总 顾 问：赵生传　王建江
专家顾问：郝英勤　井　嵘

## 编委会

主　　编：王志忠
副 主 编：杨砚澜　吕洪军
委　　员：孙剑波　于建新　王　磊
总 策 划：吕洪军

## 编写组

组　　长：张　帅
副 组 长：周　进　姚卫胜　何建忠　王德毅
　　　　　贺明江　王选军　王安松
编　　委：徐蔚业　李长磊　于　波　孙作军
　　　　　聂　晶　刘兆旺　李亚林　刘　军
　　　　　孙　兵　丁　镇　刘亨旗　李　季
　　　　　王志军　杨世盛　姚　伟

# 序言

　　为认真贯彻落实国家电网有限公司"以人民为中心"的发展理念，践行"人民电业为人民"的企业宗旨，我们严格执行触电防治专项行动部署，以增进人民福祉为出发点和落脚点，将触电防治作为当前公司法治建设的核心任务和工作主轴，按照"以人为本防隐患、精益创新保安全"的工作思路，主动加强精益管理和技防创新，坚决排查治理危及或可能危及人民群众生命财产的安全隐患，深化法律风险管控，促进管理提升、责任落实和降本增效，切实维护责任央企的良好形象。

　　触电防治专项行动关键在于治本。因此，我们收集剖析公司系统发生的电力安全典型案例，编写了这本《讲故事、话安全、说法律——电力设施保护案例警示图册》，以案释法，充分发挥典型案例的警示作用。本书收集、整理、归纳了比较典型的触电人身伤害事故。主要内容包括：事故经过、原因、责任分析、应吸取的事故教训、防范措施等。这些事故的责任者、受害者、当事者往往仅因为一次小小的疏忽、一个简单的错误、一处不当的行为，就酿成一起触电人身伤害事故，每起事故的教训之深刻、后果之惨重，现在翻阅起来，细想之下，仍不时地扼腕叹息，令人久久难以释怀。

　　希望大家认真阅读和学习书中的每一个事故案例，努力从每一起事故中吸取教训，纠正自己的一些不良工作行为或习惯，使自己在今后的工作中自觉地遵章守纪，主动关心他人安全，时刻如履薄冰、如临深渊，坚决防范触电人身伤害事故。

袁生健

序言

## 一、典型案例

### （一）危害电力设施的禁止性行为案例

# 二、电力安全知识及电力法律、法规知识

# 一、典型案例

# （一）危害电力设施的禁止性行为案例

高压危险
禁止垂钓

## 案情简介

2015年5月23日下午，李某与两位钓友前往某村屯路边水塘钓鱼，在钓鱼过程中因抛甩鱼竿与某供电公司架设在该水塘上方的高压线触碰，李某当即触电身亡。事故发生后，安监局工作人员到现场调查，确认现场高压线距离地面高度为6.5米。

李某家属认为，供电公司将高压线跨越居民区水塘上空架设，群众长期到该水塘取水、洗衣、钓鱼，明显存在事故隐患，但供电公司没有采取有效措施杜绝危害结果的出现，未达到安全生产的要求，致使李某在钓鱼过程中触电身亡。李某的死亡导致其家属产生各项损失合计541804元，供电公司对李某的死亡存在重大过失，因此李某家属将供电公司诉至法院，要求其承担80%的责任，即赔偿李某家属433443元。

供电公司认为10千伏高压线离地面距离是按照国家标准，即居民区6.5米、非居民区5.5米进行架设的，且立有"高压危险、禁止垂钓"的警示牌，供电公司不存在过错。且李某作为成年人在有人规劝后仍在高压线下钓鱼，导致其将鱼竿扬起时与鱼塘上方的高压线触碰触电身亡，这一事故的发生是其自身忽视安全造成的，供电公司不存在任何过错，故不承担赔偿责任。

## 电力、安全生产法律法规解读

根据《中华人民共和国侵权责任法》第七十三条的规定：从事高空、高压、地下挖掘活动或者使用高速轨道运输工具造成他人损害的，经营者应当承担侵权责任，但能够证明损害是因受害人故意或者不可抗力造成的，不承担责任。被侵权人对侵害的发生有过失的，可以减轻经营者的责任。

## 处理结果

本案中，法院认为李某对触电的发生有过失，以无过错责任判定供电公司承担10%的赔偿责任。出门钓鱼、休闲娱乐，本来无可厚非，但安全方面要特别注意，特别是一些有高压线经过的水塘应禁止垂钓，不然很容易引发触电事故。

## 案情简介

某供电公司运维人员在巡视过程中，发现 10 千伏线路上存在漂移物缠绕，对电网安全造成隐患。供电工作人员迅速采取应对措施，对该飘移物进行消除，确保线路安全可靠运行。漂移物搭在高压线上，很可能会引起线路跳闸，甚至会使民众触电，后果不堪设想。在现场，供电人员勘察发现，高压线上缠绕的漂移物是一段断掉的风筝线，随风飘荡，而这风筝线与另一条高压线之间仅有 1 米左右的距离，一旦触碰极有可能引发大面积的停电事故，随时有可能危及线路安全运行。

## 电力、安全生产法律法规解读

《电力设施保护条例》中明确规定，禁止在架空电力线路导线两侧保护区区域内放风筝。风筝爱好者请选择空旷、无电力线路的地方放风筝。如果遇到风筝或风筝线缠绕在电线上，请不要采取强拉硬拽、用竹竿等东西去挑或自己爬上电线杆去拿等危险行为，应及时通知供电公司专业人员帮助清除。家长、教师要加强对青少年的安全教育，不要在架空电线附近放风筝。

## 处理结果

接到通知后，供电公司维修人员迅速到达 10 千伏线路漂移物现场，在采取可靠的安全措施后将漂移物摘除。通过努力，工作人员顺利完成线路消缺工作，有效保证线路安全运行。

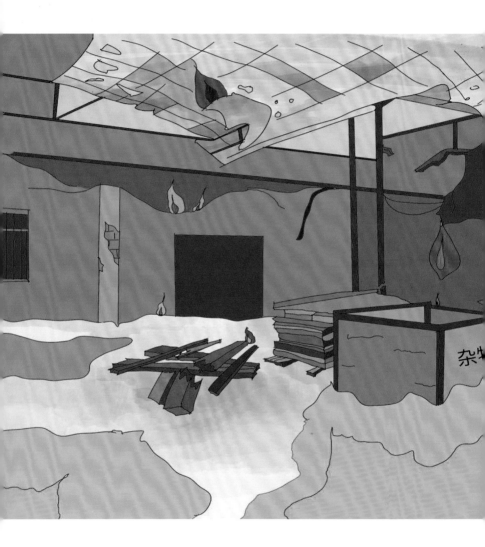

## 案情简介

2013 年 10 月 20 日，山东蓬莱某果品公司发生火灾，烧毁库房、车间和其他物品，经评估损失为 500 多万元。果品公司以线路短路引燃下方堆放的聚乙烯泡沫垫引发火灾为由，起诉供电公司要求赔偿经济损失 512 万余元。

## 电力、安全生产法律法规解读

《侵权责任法》第七十三条规定，"从事高空、高压、地下挖掘活动或者使用高速轨道运输工具造成他人损害的，经营者应当承担侵权责任，但能够证明损害是因受害人故意或者不可抗力造成的，不承担责任。被侵权人对损害的发生有过失的，可以减轻经营者的责任"。根据该规定，从事高压活动造成他人损害的，经营者应当承担侵权责任。果品公司与供电公司签订《高压供用电合同》，约定由果品公司对案涉高压电力设施享有所有权，果品公司实际利用供电公司架设的高压电力设施进行生产经营活动，符合法律关于"经营者"的界定，应由果品公司对案涉高压电力设施进行管理和维护。

## 处理结果

事故发生后，果品公司将国网蓬莱市供电公司诉至法院，一审法院以供电公司是涉案电缆的经营者为由，判决供电公司承担 60% 责任。国网蓬莱市供电公司不服提起上诉，二审法院经审理认定果品公司作为引起事故的电力设施（即电缆）的经营者且线下堆放易燃物，依法驳回果品公司的诉讼请求。果品公司不服高院二审判决，向最高人民法院申请再审。最高院最终裁定驳回果品公司的再审申请，国网蓬莱市供电公司终审胜诉。

## 案情简介

某农庄在两条 110 千伏架空电力线路下方种植了一大片速生杨，后树木因自然生长超高，已不符合相关技术规程规定的树木与导线之间的安全距离要求，危及线路安全。对此，当地供电公司立即告知该农庄相关情况并要求其修剪，但遭到拒绝，且农庄要电力公司支付其 10 万元补偿费才同意修剪。后来，为防止上述两条线路因树木超高发生对地短路的重大安全事故，供电公司被迫采取线路停运的应急措施。同时，供电公司以消除危险为由起诉农庄，请求判令农庄立即停止侵害、消除危险，并不得妨碍供电公司依法修剪农庄内危及电力设施安全的树木。

## 法理分析、法条解读

"树线矛盾"是电力设施运维过程中经常遇到的一类纠纷，《电力设施保护条例》第 15 条规定：在电力线路保护区不得种植危害电力设施安全的植物。因此，种植户应及时主动砍伐，排除妨害，恢复线路保护区原状，并不再种植，保证电力线路安全运行。

## 处理结果

一审法院审理认为，农庄树木对供电线路的正常运行造成危险的事实客观存在，且供电公司也已经履行了限期修剪、消除危险的通知义务，并且是否应对修剪树木进行补偿并不影响要求该农庄修剪树木消除危险的诉讼主张成立。故判供电公司可以依法修剪树木且该农庄不得阻止。该农庄不服提起上诉，二审驳回上诉，维持原判。

"在高压线下及电力设施保护区内种树，树长大后会影响用电安全，还会发生电击伤人事故。"在此呼吁：植树造林，请远离高压线。

## 情况简介

果农为给苹果上色，会在苹果地里铺设反光膜。反光膜被遗弃后因分量极轻，随风飘散，很有可能会缠到电线上。反光膜表面的金属铝具有较好的导电性，刮到电线上会瞬间引发短路，从而引起跳闸停电。更可怕的是，反光膜一旦刮到高压线上，由于表面熔化碳化，粘在导线上，造成故障，排查起来非常困难。可以说，反光膜对电网的伤害是"全天候"的。

## 专家介绍

反光膜的主要成分是塑料，自然降解能力很差，如果埋到土里，容易对土壤造成二次污染。反光膜表层上镀的铝层经过雨水的冲刷或者与土粒的摩擦会脱落并渗入土壤，会加剧土壤酸化。同时，反光膜中的塑化剂和添加剂很容易受到温度、使用时间、PH 值的影响，释放到环境中污染地下水，从而危及人类饮水安全。

## 呼吁

近年来，为清除反光膜危害，各级政府采取了包括引导企业回收等多项措施，但要解决这个问题最终还要靠广大果农的配合和支持。因此呼吁广大果农，为了共同的家园和环境安全，请把果园反光膜拾掇起来，集中处理，不要随意抛弃。

## 案情简介

2016 年 8 月 21 日，某果蔬公司为修补厂区，雇佣货车司机王某拉石子，王某将石子拉到果蔬公司门口，在未告知供电公司且未经供电公司许可、没有任何人监护的情况下私自将石子堆卸到 10 千伏线路带电导线下，在卸货的过程中造成车体与带电导线放电，王某随即下车观察情况，下车后身体接触带电车体造成触电身亡。后王某家属起诉要求果蔬公司负责人及供电公司赔偿 528539 元。

## 审理结果

法院经审理认为，王某作为机动车驾驶员，其在卸货过程中，未能对周边环境进行安全注意义务，未能确保安全，且在车辆碰触到高压线路，其已经下车后，又再次疏忽大意，碰触已带电的车门，导致事故发生，王某负有重大过错，应减轻被告的赔偿责任。

## 相关法条

《民法通则》第 123 条　从事高空、高压、易燃、易爆、剧毒、放射性、高速运输工具等对周围环境有高度危险的作业造成他人损害的，应当承担民事责任；如果能够证明损害是由受害人故意造成的，不承担民事责任。

《中华人民共和国侵权责任法》第 73 条　从事高空、高压、地下挖掘活动或者使用高速轨道运输工具造成他人损害的，经营者应当承担侵权责任，但能够证明损害是因受害人故意或者不可抗力造成的，不承担责任。被侵权人对损害的发生有过失的，可以减轻经营者的责任。

# 7. 禁止在电力设施保护区内违章建房

16

## 案情简介

建筑工头丁某承包了同村张某的老房翻建工程。根据张某的要求，房屋向前拓宽一米。张某房前正上方有条 10 千伏高压线。供电公司得知此事，派人前往责令其停止施工，恢复房屋原位。张某不听劝阻，待供电工作人员走后，令丁某继续施工。房屋封顶后，丁某手拿两米左右的铝合金尺杆在楼顶前沿指挥工人干活时，尺杆触及房屋前高压线，丁某当场遭电击死亡。

## 专家提醒

张某借老房翻建之机，将房身突入电力设施保护区是典型的违反电力法律法规的禁止行为。即使施工时没有出现触电事故，也为今后的修缮埋下了安全隐患，因此在电力设施保护区内严禁施工建房。

## 案例警示

电力设施保护区内建房，存在很多安全隐患，为了生命财产安全，严禁在电力线路下方及保护区内建房。一旦违规施工，应立即恢复原状，消除隐患。这个案例告诫临近线路的房屋产权人及房产使用人，不要无视生命健康，贪图更大空间，故意向高压线方向拓展房屋宽度，一旦触电伤亡，得不偿失后悔终生。

# 8. 禁止在电力设施保护区内挖沙取土

## 案情简介

近年来，随着经济建设的快速发展，电网建设进程加快，电力设施保护难度进一步加大，特别是非法挖沙取土等行为，严重威胁电网安全。供电公司为此加强与政府职能部门协作，共同打击破坏电力设施违法犯罪行为，为维护稳定的电网运行环境，建立健全电力治安整治的长效机制。

在一次联合执法中，某土地所等部门对非法盗挖沙石的区域进行现场取证，供电公司运维人员对盗挖沙石的后挖坑距和杆塔位置进行实际测量，并对管辖线路通道进行专项巡视，逐一排除线路走廊内危险点，同时对线路通道内的危险点、危险源进行重点监控。主动上门对违章施工的单位或个人发布违章隐患通知书，宣传法律法规，签订安全协议，对施工现场进行指导和监护，现场立警示牌，悬挂警示标语。

## 法律法规

《电力设施保护条例》第十四条　任何单位或个人，不得从事下列危害电力线路设施的行为：

（八）在杆塔、拉线基础的规定范围内取土、打桩、钻探、开挖或倾倒酸、碱、盐及其他有害化学物品；

## 处理情况

供电公司通过持续开展电力设施保护工作，加大防外力破坏工作力度，加强对线路走廊内违章施工的蹲守防护，全过程跟踪施工现场，及时签订《违反电力设施保护条例通知书》，做到防患于未然。同时紧密联系政府职能部门，联合出动、加大执法检查力度，把与政府相关部门联合执法行动常态化，坚决打击危害运行线路安全运行的隐患。

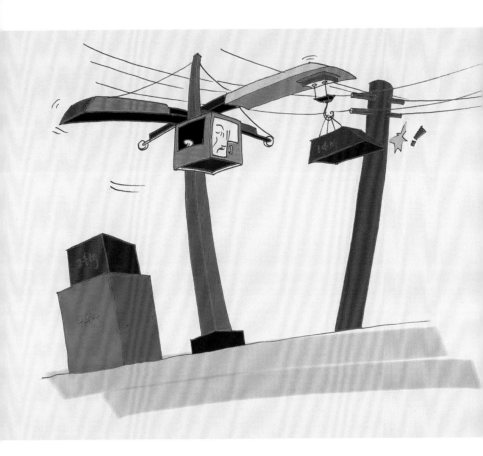

## 案情简介

2017 年 11 月 3 日，某供电公司工作人员在巡视时发现，220 千伏线路 37 至 38 段的高压线下，某单位正在修建铁路下穿道路，其施工所用的浇注水泥车壁距离上方线路早已超过 6 米以上的安全距离，稍有不慎就将引起人身伤亡。

"师傅，这上面是 220 千伏线路，您在使用吊车时一定要切记保持 6 米以上的安全距离。"供电公司输电运检人员立即上前提醒了正在作业的吊车司机。

当天下午，供电公司工作人员在此条线路巡视中又一次发现，在 19 至 20 段高压线下，有建设单位正在使用吊车起吊钢筋笼，而吊车斗臂距离上方导线已十分接近，直接威胁到施工人员生命安全。

工作人员立刻现场进行劝阻，对施工负责人及人员进行宣传，并留下专人现场监护，直至所有施工全部结束。

## 法律法规

《电力设施保护条例》第十七条　任何单位或个人必须经县级以上地方电力管理部门批准，并采取安全措施后，方可进行下列作业或活动：

（一）在架空电力线路保护区内进行农田水利基本建设工程及打桩、钻探、开挖等作业；

（二）起重机械的任何部位进入架空电力线路保护区进行施工；

（三）小于导线距穿越物体之间的安全距离，通过架空电力线路保护区；

（四）在电力电缆线路保护区内进行作业。

## 处理结果

针对现场施工安全问题，施工方须经批准并做好线下施工针对性教育和防护工作。供电公司对施工方、现场工作人员进行安全交底、发放宣传资料、隐患通知书及安全协议书，同时在道路口和线路下方醒目位置设置"高压危险"警示牌。

# 10. 禁止在电力设施保护区内进行爆破作业

## 情况简介

2005 年 9 月 4 日，福建闽清县某村农民谢某受雇在当地打炮眼。作业过程中，因钢管触及作业处上方 10 千伏高压电线，谢某遭电击掉下山崖身亡。谢某的家属将电力设施的所有人闽清县电力公司告上法庭，并提出近 17 万元的赔偿请求。

法院查明，在事故发生地段有一组负荷 10 千伏的电力线路，谢某从事爆破作业的地点距架设高压电线的电线杆仅 14.4 米；打炮眼的钢管长度为 5.1 米，钢管与高压线电击接触点间隔为 4.6 米，作业地点属于《电力设施保护条例》界定的排挤电力线路保护区范围。此外，谢某在电力设施保护区从事爆破作业并没有征得电力设施产权单位的书面同意。

谢某的家属提出，根据《中华人民共和国民法通则》的有关规定，电力公司作为高压电线设施的所有人应对受害者承担无过错责任。

## 法律法规

《中华人民共和国电力法》第五十二条　任何单位和个人不得危害发电设施、变电设施和电力线路设施及其有关辅助设施。

在电力设施周围进行爆破及其他可能危及电力设施安全的作业的，应当按照国务院有关电力设施保护的规定，经批准并采取确保电力设施安全的措施后，方可进行作业。

第五十四条　任何单位和个人需要在依法划定的电力设施保护区内进行可能危及电力设施安全的作业时，应当经电力管理部门批准并采取安全措施后，方可进行作业。

## 处理结果

法院认为，根据《中华人民共和国电力法》第 52 条、54 条的规定，任何单位和个人在电力设施保护区进行爆破等可能危及电力设施安全的作业时，应当事先经电力管理部门批准并采取安全措施，谢某未经批准就在电力设施保护区从事爆破作业的行为属于违法行为。因此，电力公司对谢某的死亡不承担民事赔偿责任。尽管本案属于危险设施致人损害，但并不适用《中华人民共和国民法通则》关于高度危险设施所有人无过错责任的规定。从法律适用的顺序来看，电力法相对于民法通则属于特别法，根据特别法优先于一般法适用的原则，电力法的规定优先适用；此外，谢某从事违法行为在先，根据"非法行为不受法律保护"的法律理念，谢某因从事违法行为遭受的损害不能得到赔偿。

## 案情简介

"三线搭挂"专指广播电视线和通讯线借助电力线路架设，形成搭挂。随着城乡建设规模的逐步扩大，各类通信服务迅猛发展，部分通讯运营商为了减少投资，纷纷在电力线路专用杆塔上搭挂非电力装置，私挂、乱挂、偷挂的现象严重，影响了正常电力线路的维护和抢修。违规搭挂三线安全距离不足，容易产生交叉跨越段接触、弱电线路保护钢绞线带电，一旦有人触碰到拉线，随时都可能发生触电人身伤亡事故，给安全供电带来了严重隐患。

## 法律法规

《电力设施保护条例》第十四条　任何单位或个人，不得从事下列危害电力线路设施的行为：

（五）擅自攀登杆塔或在杆塔上架设电力线、通信线、广播线，安装广播喇叭；

## 处理情况

如果天气炎热，更易使导线热胀、弧垂增大，从而使得违规搭挂三线安全距离不足，导致交叉跨越段接触、弱电线路保护钢绞线带电事件发生。对此，供电公司工作人员对发生三线搭挂的电杆逐级进行排查，发现安全隐患及时隔离处理，切实加强监察、督导，有力保证电网安全可靠供电。

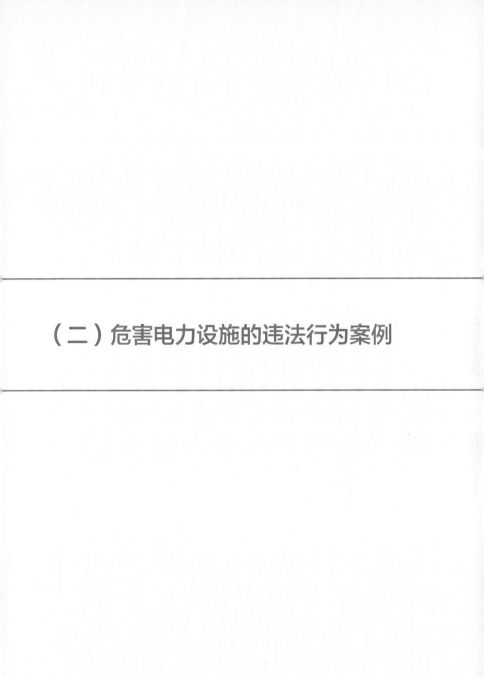

# （二）危害电力设施的违法行为案例

## 案情简介

短短一个月内，刘某、徐某伙同韩某，经事先预谋、踩点后，携带作案工具窜至多地盗窃电力变压器铜芯销赃获利，致使多处正在使用的电力变压器被破坏。被破坏的电力变压器总价值24798元。公诉机关指控刘某、徐某和韩某犯破坏电力设备罪。

## 案情分析

本案是典型的破坏电力设备的犯罪。破坏电力设备罪主要指故意破坏电力设备，危害公共安全的行为。电力设备被破坏导致电力事故，往往会引发火灾和爆炸等恶性事故。因此，保护电力设施是维护社会安全稳定，保护企业财产的重要保障。根据《关于审理破坏电力设备刑事案件具体应用法律若干问题的解释》（法释第15条）：破坏电力设备，造成1万以上用户电力供应中断60小时以上，致使生产、生活受到严重影响的；破坏电力设备，造成直接经济损失100万元以上的；符合《刑法》第一百一十九条，破坏电力设备，造成严重后果的，应当判处十年以上有期徒刑、无期徒刑或者死刑。

## 专家提醒

严厉打击盗窃、破坏电力设施的犯罪行为是保护电网安全运行的重中之重。同时，政府、公安、供电企业和社会各界都应加大打击破坏电力设施犯罪的宣传力度和广度，让潜在的犯罪嫌疑人明白，盗窃破坏电力设施是违法的，且破坏电力设施罪的量刑相对较重，不要以身试法。

## 案情简介

某建筑工程公司承建建筑施工，还没有得到建委和规划部门的审批手续，也没有报告电力管理部门获得批准，更没有采取安全措施。就擅自在距离 35 千伏杆塔 2 米的线下施工。吊车碰撞电杆，造成杆塔断裂，线路断落，停电 24 小时的重大事故，直接经济损失 179 万元。该事故损失惨重，影响很大。警方立案侦查，将肇事者拘捕。

## 案情分析

该肇事者在电力设施保护区违法施工，造成直接经济损失达 179 万元。符合最高院发布实施的《关于审理破坏电力设备刑事案件具体应用法律若干问题的解释》（法释第 15 条）对"造成严重后果的"明确解释。因此，触犯了《刑法》第一百一十九条第二款，应以过失损坏电力设备罪加以刑罚。

## 专家提示

《电力设施保护条例》第十七条　　任何单位或个人必须经县级以上地方电力管理部门批准，并采取安全措施后，方可进行下列作业或活动。

（1）在架空电力线路保护区内进行农田水利基本建设工程及打桩、钻探、开挖等作业；

（2）起重机械的任何部位进入架空电力线路保护区进行施工；

（3）小于导线距穿越物体之间的安全距离，通过架空电力线路保护区；

（4）在电力电缆线路保护区内进行作业。

## 案情简介

2012 年 9 月 6 日，王某、杨某承包了某村委会的修路工程，后转让给黄某、李某。2012 年 12 月 5 日，因该公路两边路基需加宽，黄某把该项工作交由许某完成。次日下午，在黄某现场指挥下，许某雇佣宋某驾驶挖掘机为该路段进行挖土拓宽道路作业。因未能注意到该路段的电缆保护警示标志，宋某驾驶挖掘机挖土时不慎将埋在地下的电缆挖断。

## 审理结果

2013 年 5 月 18 日，法院做出判决，判令直接经济损失 29.55 万余元，由许某赔偿 17.73 万余元，宋某某负连带赔偿责任；黄某、李某共同赔偿 8.86 万余元。

## 相关法条

《刑法》第 118 条　破坏电力、燃气或者其他易燃易爆设备，危害公共安全，尚未造成严重后果的，处三年以上十年以下有期徒刑。

《电力设施保护条例》第 26 条　违反本条例规定，未经批准或未采取安全措施，在电力设施周围或在依法划定的电力设施保护区内进行爆破或其他作业，危及电力设施安全的，由电力管理部门责令停止作业、恢复原状并赔偿损失。

《电力设施保护条例》第 30 条　凡违反本条例规定而构成违反治安管理行为的单位或个人，由公安部门根据《中华人民共和国治安管理处罚法》予以处罚；构成犯罪的，由司法机关依法追究刑事责任。

# （三）涉电纠纷普法维权案例

# 1. 废弃电杆出事故　产权明晰止纷争

## 案情简介

　　2013 年 1 月 27 日，某村村民夫妇二人处理新建房屋的后续扫尾工作。二人雇佣徐某驾驶挖土机平整其门前地坪，徐某操作不慎，挖土机触及地坪内的一根废弃电杆，致使电杆倒下砸在村民身上，经鉴定为二级伤残。2014年4月，村民以供电公司未移走废旧电杆为由向人民法院提起诉讼，要求供电公司承担赔偿责任。2014年6月18日，村民向法院申请撤回对供电公司的起诉，法院予以准许。

## 案情分析

### 供电公司并非涉案电杆的产权人

涉案电杆原为村集体电力资产。供电公司与村委会的资产移交协议中明确约定，电力企业无偿接收的电力资产为"在运"的电力资产。涉案电杆为移交前村上的遗留的废旧物资，既不属于在运，也不属于备用，完全处于废弃状态，不在移交设备之列，故供电公司不是涉案电杆的产权所有人。

### 供电公司不承担赔偿责任

本案是因不带电且废弃的电杆倒塌造成的人身侵权，属于物件致人损害，根据《物权法》《侵权责任法》的规定，应由所有人或管理人承担赔偿责任。即便是认定为在电力设施上发生的事故，因不是高压活动造成的损害，根据《供电营业规则》第51条规定，应以产权归属为原则界定责任。本案中，供电公司不是涉案电杆的所有人、管理人、产权人，所以不承担赔偿责任。

## 法条要点

《侵权责任法》第八十五条　建筑物、构筑物或者其他设施及其搁置物、悬挂物发生脱落、坠落造成他人损害，所有人、管理人或者使用人不能证明自己没有过错的，应当承担侵权责任。所有人、管理人或者使用人赔偿后，有其他责任人的，有权向其他责任人追偿。

《供电营业规则》第五十一条　在供电设施上发生事故引起的法律责任按供电设施产权归属确定。产权归属谁，谁就承担其应有供电设施上发生事故引起的法律责任。

## 2. 输电线路依法建设　无理索赔不予支持

### 案情简介

某建设工程有限公司于 2005 年 7 月通过土地出让取得位于某市开发区土地 33350 平方米，计划用于建设给水管材项目。某供电公司分别于 2003 年、2004 年、2005 年和 2007 年先后在该土地上建成投运 4 条高压输电线路。2013 年 7 月 13 日，建设工程公司以排除妨害为由起诉至市中级人民法院，认为因被告所属四条高压输电线路横贯其土地，影响其土地利用，侵害了其合法权益，进而请求法院判令被告对原告的土地停止侵权，排除妨碍、赔偿其各项损失 900 万元并承担本案诉讼费用。

## 审理结果

一审法院认为，本案已过诉讼时效，被告架设高压线不构成侵权，原告损失没有事实与法律依据，依法驳回其诉讼请求，并负担案件受理费 74800 元。

原告不服，向省高院提起上诉。二审法院认为，双方争议的焦点问题是：侵权是否成立；被上诉人应否赔偿损失。二审法院依法认定了原审法院查明和认定的事实，认为：首先，上诉人虽与国土部门签订了土地使用权出让合同，但未进行土地登记，尚未取得国有土地使用权证，亦未缴清土地出让金，因而未取得土地使用权，仅享有相应的合同权利；其次，被上诉人建设高压线路及铁塔的行为，属架设公共服务设施的行为。根据上诉人签订的相关合同中约定"项目用地应服从开发区总体规划，按照规划布局的公共服务设施与建设用地有矛盾时，用地应无条件服从规划，并予以调整"、"受让人同意政府为公用事业需要而敷设的各种管道与管线进出、通过、穿越受让宗地"。原审认定并无不当。

二审法院认为，上诉人主张被上诉人架设高压线路的行为构成侵权，应赔偿其损失，理由不成立。二审判决驳回上诉，维持原判。

## 相关法条

《中华人民共和国侵权责任法》第 6 条　　行为人因过错侵害他人民事权益，应当承担侵权责任。"电力线路走廊占地侵权行为适用过错责任原则，即构成侵权必须同时满足以下条件：一是行为的违法性，即行为人实施的行为违反了法律的禁止性规定或强制性规定；二是受害人民事权益受到损害；三是行为人的行为与受害人的损害之间有因果关系；四是行为人行为时存在过错。

《中华人民共和国电力法》第 11 条　　城市电网的建设与改造规划，应当纳入城市总体规划。城市人民政府应当按照规划，安排变电设施用地、输电线路走廊和电缆通道。任何单位和个人不得非法占用变电设施用地、输电线路走廊和电缆通道。

# 3. 临时线路引发触电事故谁担责

## 案情简介

2010 年 5 月，河北省赵县某村村民韩某因建房找人从本村水井电表下架接临时线路。当年 9 月，韩某将建房工程发包给宋某的施工队。10 月 17 日上午，施工人员张某在建筑工地操作机械设备时因储水罐里的潜水泵漏电导致触电死亡。张某父母认为，供电公司违规送电，对雇佣的电工安全监管不到位，导致事故发生，将供电公司诉至当地法院。

## 审理情况

经赵县人民法院审理认为，供电企业对用户的安全用电负有监督检查的责任，其在事故发生地的放水线路上没有安装触电保护器的情况下送电，在建房户违规接线长达 5 个月之久没有被巡查发现，对张某触电死亡事故的发生负有监督检查不到位的责任，应当对张某的死亡承担相应的民事赔偿责任，综合事故发生的原因以及供电公司的过错程度，以承担 20% 的赔偿责任较为合适，根据有关赔偿标准,应承担死亡赔偿金、丧葬费 27062.60 元、精神损害抚慰金 6000 元，共计 33062.60 元。

供电公司不服一审判决，遂向中级人民法院提起上诉。二审庭审认为：张某触电死亡，依据现行的电力法规规定，划分事故责任的办法是以电力设施产权分界区分责任主体，引起张某触电死亡事故的原因是水罐里的潜水泵漏电，连接潜水泵的电线是韩某为建房在村放水井电表以下所接的临时线路，其产权不属于供电公司，且线路不是供电公司职工所接。本案涉及的线路是低压电力线路，作为供电企业是否应当承担赔偿责任，应适用过错责任原则，不应适用无过错责任原则，只有供电企业对其所有的电力设施有维护管理不当的过错而导致触电伤害时才应承担赔偿责任。张某是在雇佣活动中因用电设施不安全引发事故，应由雇主和电力用户承担全部责任。现行电力法规中，没有做出强制用户安装剩余电流动作保护器（漏电保护器）的规定，只是以政策性文件形式动员、号召、鼓励、提倡用户安装剩余电流动作保护器（漏电保护器），目的是促使用户进行自身保护，剩余电流动作保护器（漏电保护器）不属于供电必备设备，也不属于用户必备设备。供电公司在张某触电事故中没有过错，要求供电公司承担赔偿责任没有事实根据和法律依据，其诉讼请求不予支持。中级人民法院做出终审判决：撤销赵县人民法院判决，驳回原告的诉讼请求。

## 案件分析

产权界定是责任认定的关键。近年来，农村地区因建新房、旧房翻新等临时用电现象比较普遍，在临时用电管理方面存在着很大的难度。本案中，双方当事人争议主要集中在事故责任认定和民事赔偿上，其焦点体现在以下四点：一是电力资产产权的界定，依据《电力法》，供电公司对属于自己管理的电力设施负责，电能表以上属供电企业管理，电能表以下属用户管理，供电公司没有对用户资产维护管理的义务；二是本案中临时用电的接线人的身份确认，该村负责放水的宋某是为建房户韩某临时用电的接线人，不是供电公司职工；三是对于家用漏电保护器的安装没有强制性规定，供电公司没有强制用户安装漏电保护器的权利；四是供电企业的职能认定，依据《电力法》规定，供电公司作为供电企业，并不是电力管理部门，没有对电力进行监督管理的职能和义务，本案中供电公司无任何管理不当的责任，不应当承担赔偿责任。

## 案情简介

2013 年 9 月 16 日，沈某起诉某供电公司，认为两条 110 千伏线路跨越其房屋，用普通测电笔在其房屋周围测到电压，导致其 2009 年被诊断为红细胞再生障碍性贫血，要求供电公司赔偿经济损失 80 万元。

## 处理结果

供电公司接到诉状后，一是锁定争议焦点明确举证责任。环境污染案件适用举证责任倒置，由被告方就污染行为与损害后果之间不存在因果关系承担举证责任。供电公司将本案争议焦点锁定在 110 千伏线路是否存在环境污染行为，前移诉讼争议关口，压实原告举证责任，争取了处理主动权。二是有效举证证明电磁环境安全。积极配合法院委托权威第三方机构对讼争地点设备装置、电磁环境进行鉴定检测，鉴定检测确认电子环境符合标准要求。三是排除电磁环境影响与损害结果之间的因果关系。以世界卫生组织《"国际电磁场计划"的评估结论与建议》进一步阐明极低频电场和磁场与电磁辐射的区别，利用世界卫生组织的结论明确原告患病与电磁环境没有因果关系，最终法院驳回原告诉讼请求。

## 本案启示

近年来，民众环保意识和法律意识不断增强，但同时也易受一些不实信息和社会传言的误导，电磁环境污染案件还将不断出现。在建设、运营、维护电力设施时，一定要严格按照国家的法律法规、技术规范、行业标准执行，做到有法可依，有据可查，避免面对民事及行政法律上的不利后果。

# 二、电力安全知识及电力法律、法规知识

# 危害电力设施建设的禁止性行为

根据《电力设施保护条例》及《电力设施保护条例实施细则》的有关规定，危害电力设施的行为主要表现为：

**1. 危害发电设施、变电设施的禁止性行为**

《电力设施保护条例》第十三条规定："任何单位或个人不得从事下列危害发电设施、变电设施的行为。

（1）闯入发电厂、变电站内扰乱生产和工作秩序，移动、损害标志物；

（2）危及输水、输油、供热、排灰等管道（沟）的安全运行；

（3）影响专用铁路、公路、桥梁、码头的使用；

（4）在用于水力发电的水库内，进入距水工建筑物 300 米区域内炸鱼、捕鱼、游泳、划船及其他可能危及水工建筑物安全的行为；

（5）其他危害发电，变电设施的行为。"

《电力设施保护条例实施细则》第十一条规定："任何单位或个人不得冲击、扰乱发电、供电企业的生产和工作秩序，不得移动、损害生产场所的生产设施及标志物。"

发电厂、变电站是现代化装备比较先进的以仪表控制为主的场所，擅自闯入发电厂、变电站内扰乱生产和工作秩序必然会分散工作人员的精力，容易造成事故，危害公共安全。

**2. 危害电力线路设施的禁止性行为**

《电力设施保护条例》第十四条规定："任何单位或个人不得从事下列危害电力线路设施的行为：

（1）向电力线路设施射击；

（2）向导线抛掷物体；

（3）在架空电力线路导线两侧各 300 米的区域内放风筝；

（4）擅自在导线上接用电器设备；

（5）擅自攀登杆塔或在杆塔上架设电力线、通信线、广播线，安装广播喇叭；

（6）利用杆塔、拉线作起重牵引地锚；

（7）在杆塔、拉线上拴畜、悬挂物体、攀附农作物；

（8）在杆塔、拉线基础的规定范围内取土、打桩、钻探、开挖或倾倒酸碱、盐及其他有害化学物品；

（9）在杆塔内（不含杆塔与杆塔之间）或杆塔与拉线之间修筑道路；

（10）拆卸杆塔或拉线上的器材，移动、损坏永久性标志或标志牌；

（11）其他危害电力线路设施的行为。"

上述行为，可能造成输电线路短路、断路或者倒杆、倒塔，造成电力供应突然中断，给社会生产和人民生活带来极大危害，甚至危及人们的生命安全。这些行为无论是故意，还是过失，都是危害电力线路设施安全的违法行为，都要承担相应的法律责任。

《电力设施保护条例实施细则》第十二条规定："任何单位或个人不得在距架空电力线路杆塔、拉线基础外缘的下列范围内进行取土、打桩、钻探、开挖或倾倒酸、碱、盐及其他有害化学物品的活动。

（1）35 千伏及以下电力线路杆塔、拉线周围 5 米的区域；

（2）66 千伏及以上电力线路杆塔、拉线周围 10 米的区域。

在杆塔、拉线基础的上述距离范围外进行取土、堆物、打桩、钻探、开挖活动时，必须遵守下列要求：

（1）预留出通往杆塔、拉线基础供巡视和检修人员、车辆通行的道路；

（2）不得影响基础的稳定，如可能引起基础周围土壤、砂石滑坡，进行上述活动的单位或个人应当负责修筑护坡加固；

（3）不得损坏电力设施接地装置或改变其埋设深度。"

**3. 在架空电力线路保护区内的禁止性行为**

《电力设施保护条例》第十五条规定："任何单位或个人在架空电力线路保护区内，必须遵守下列规定：

（1）不得堆放谷物、草料、垃圾、矿渣、易燃物、易爆物及其他影响安全供电的物品；

（2）不得烧窑、烧荒；

（3）不得兴建建筑物、构筑物；

（4）不得种植可能危及电力设施安全的植物。"

《电力设施保护条例实施细则》第十三条规定："在架空电力线路保护区内，任何单位或个人不得种植可能危及电力设施和供电安全的树木、竹子等高秆植物。"

《电力设施保护条例实施细则》第十六条规定："根据城市绿化规划

的要求，必须在已建架空电力线路保护区内种植树木时园林部门需与电力管理部门协商，征得同意后，可种植低矮树种，并由园林部门负责修剪，以保持树木自然生长最终高度与架空电力线路导线之间的距离符合安全距离的要求。"

**4. 在电力电缆线路保护区内的禁止性行为**

《电力设施保护条例》第十六条规定："任何单位或个人在电力电缆线路保内，必须遵守下列规定：

（1）不得在地下电缆保护区内堆放垃圾、矿渣、易燃物、易爆物，倾倒酸、碱、盐及其他有害化学物品，兴建建筑物、构筑物或种植树木、竹子；

（2）不得在海底电缆保护区内抛锚、拖锚；

（3）不得在江河电缆保护区内抛锚、拖锚、炸鱼、挖沙。"

《电力设施保护条例实施细则》第八条规定："禁止在电力电缆沟内同时埋设其他管道。

未经电力企业同意，不准在地下电力电缆沟内埋设输油、输气等易燃易爆管道。管道交叉通过时，有关单位应当协商，并采取安全措施，达成协议后方力可施工。"

**5. 危害电力设施建设的禁止性行为**

《电力设施保护条例》第十八条规定："任何单位或个人不得从事下列危害其电力设施建设的行为：

（1）非法侵占电力设施建设项目依法征用的土地；

（2）涂改、移动、损害、拔除电力设施建设的测量标桩和标记；

（3）破坏、封堵施工道路，截断施工水源或电源。"

## 在电力设施保护区内经批准的活动

《电力设施保护条例》第十七条规定："任何单位或个人必须经县级以上地方电力管理部门批准，并采取安全措施后，方可进行下列作业或活动。

（1）在架空电力线路保护区内进行农田水利基本建设工程及打桩、钻探、开挖等作业；

（2）起重机械的任何部位进入架空电力线路保护区进行施工；

（3）小于导线距穿越物体之间的安全距离，通过架空电力线路保护区；

（4）在电力电缆线路保护区内进行作业。"

《电力设施保护条例实施细则》第十四条规定："超过4米高度的车辆或机械通过架空电力线路时，必须采取安全措施，并经县级以上的电力管理部门批准。"

《电力设施保护条例》第十二条规定："任何单位或个人在电力设施周围进行爆破作业，必须按照国家有关规定，确保电力设施的安全。"

《电力设施保护条例实施细则》第十条规定："任何单位和个人不得在距电力设施范围500米内（指水平距离）进行爆破作业。因工作需要必须进行爆破作业时，应当按国家颁发的有关爆破作业的法律法规，采取可靠的安全防范措施，确保电力设施安全，并征得当地电力设施产权单位或管理部门的书面同意，报经政府有关管理部门批准。在规定范围外进行的爆破作业必须确保电力设施的安全。"

## 危害电力设施的犯罪行为

危害电力设施在很多情形下具有非常严重的社会危害性，构成犯罪。

### 1. 破坏电力设备罪

破坏电力设备罪，是指故意破坏电力设备、危害公共安全尚未造成严重后果或者已经造成严重后果的行为。

依据我国《刑法》第一百一十八条和第一百一十九条的规定，破坏电力、燃气或者其他易燃易爆设备，危害公共安全，尚未造成严重后果的，处三年以上十年以下有期徒刑。造成严重后果的，处十年以上有期徒刑、无期徒刑或者死刑。构成本罪要符合以下几个要件：

（1）犯罪对象是正在使用中的电力设备。"使用中"包含"有电"和"无电"两种状态。如果没有使用，如正在制造运输、安装、架设或尚在库存中，对其进行破坏，不应构成犯罪；

（2）行为人必须实施了破坏正在使用中的电力设备的行为。在实际生活中这种破坏行为的表现形式是多种多样的，如采用爆炸、放火、毁坏、拆卸、割断等方法破坏电力设备；

（3）主观方面表现为故意，包括直接故意和间接故意。即行为人明知其破坏电力设备的行为会发生危害社会公共安全的后果，并且希望或者放任这一结果的发生。至于犯罪的动机，可多种多样，不论是为泄愤报复，还是为嫁祸他人，或出于贪财图利及其他动机，都不影响本罪成立；

（4）侵犯的客体是公共安全，即不特定多数人的生命、健康和重大公共财产的安全。这是破坏电力设备罪的本质特征。如果行为人实施了破坏电力设施的行为，但对公共安全不构成危害的，按其他罪名处理。

对于因破坏电力设备造成的"严重后果"，根据《最高人民法院关于审理破坏电力设备刑事案件具体应用法律若干问题的解释》规定：

"（一）造成一人以上死亡、三人以上重伤或者十人以上轻伤的；

（二）造成一万以上用户电力供应中断六小时以上，致使生产、生活受到严重影响的；

（三）造成直接经济损失百万元以上的；

（四）造成其他危害公共安全严重后果的。"

其中直接经济损失的计算范围，包括电量损失金额，被毁损设备材料更换、修复费用，以及因停电给用户造成的直接经济损失等实践中应注意本罪与盗窃罪的区别。

《最高人民法院关于审理破坏电力设备刑事案件具体应用法律若干问题的解释》第三条规定："盗窃电力设备，危害公共安全，但不构成盗窃罪的，以破坏电力设备罪定罪处罚；同时构成盗窃罪和破坏电力设备罪的，依照刑法处罚较重的规定定罪处罚。盗窃电力设备，没有危及公共安全，但应当追究刑事责任的，可以根据案件的不同情况，按照盗窃罪等犯罪处理。"参照最高人民检察院1986年12月9日《关于破坏电力设备罪几个问题的批复》，应当注意以下几点：

（1）尚未安装完毕的农用低压照明电线路，不属于正在使用中的电力设备。行为人即便盗走其中架设好的部分电线，也不会对公共安全造成危害，其行为应其以盗窃定性。

（2）已经通电使用，只是由于枯水季节或电力不足等原因，而暂停供电的线路，仍应认为是正在使用的线路。行为人偷割这类线路中的电线，如果构成犯罪，应按破坏电力设备罪追究其刑事责任。③对偷割已经安装完毕但还未供电的电力线路行为，应分别不同情况处理。如果偷割的是未正式交付电力部门使用的线路，应按盗窃案件处理。如果行为人明知线路已交付电力部门使用而偷割电线的，应定为破坏电力设备罪。

此外，参照最高人民法院 1993 年 8 月 4 日《关于破坏生产单位正在使用的电动机是否构成破坏电力设备罪问题的批复》之规定，对拆盗某些排灌站、加工厂等生产单位正在使用中的电机设备等，没有危及社会公共安全，但应当追究刑事责任的，可以根据案件的不同情况，按盗窃罪、破坏集体生产罪（现为破坏生产经营罪）或者故意毁坏公私财物罪（现为故意毁坏财物罪）处理。

**2. 过失损坏电力设备罪**

过失损坏电力设备罪，是指由于过失而引起电力设备遭受损坏，危害公共安全，造成严重后果的行为。根据《刑法》第一百一十九条第二款规定，犯过失损坏电力设备等，处三年以上七年以下有期徒刑；情节较轻的处三年以下有期徒刑或者拘投。本罪在客观方面表现为行为人实施了损坏电力设备的行为，并且已经产生危害公共安全的严重后果。过失犯罪都是以发生严重后果作为构成犯罪的要件。

如果没有发生严重后果或者后果不严重的，则不构成犯罪。在主观方面只能是过失，即行为人应当预见自己的行为可能损坏电力设备，由于疏忽大意没有预见或者已经预见而轻信能够避免，以致发生这种结果的心理态度。

**3. 盗窃罪**

盗窃罪，是指以非法占有为目的，盗窃公私财物数额较大或者多次盗窃、入户盗窃、携带凶器盗窃、扒窃公私财物的行为。

根据《刑法》第二百六十四条规定，盗窃公私财物，数额较大或者多次盗窃的，处三年以下有期徒刑、拘役或者管制，并处或者单处罚金；数额巨大或者有其他严重情节的，处三年以上十年以下有期徒刑，并处罚金；数额特别巨大或者有其他特别严重情节的，处十年以上有期徒刑或者无期徒刑，并处罚金或者没收财产。

本罪的犯罪对象必须是尚未投入使用中的电力设备，其侵犯的客体是公私财产所有权。盗窃者窃取电力设备，意味着电力设备财产所有权从所有人或管护理人的控制下转移到盗窃者手中，这一行为不危及公共安全，只是侵犯了财产所有权。这是本罪与破坏电力设备罪的本质区别。如果同时具备盗窃罪和破坏险电力设备罪的构成要件，即盗窃使用中的电力设备，同时构成盗窃罪和破坏电范力设备罪的，择一重罪处罚。

此外，秘密窃取的电力设备必须达到数额较大或者虽然没有达到数额较大但实行了多次盗窃的，才能认定为犯罪。这是区分盗窃罪与盗窃行为的重要标准之一。一般盗窃行为，是指偷窃少量的电力设施器材，违反治安管理法规的一般违法行为。构成盗窃罪，赃物必须达到一定数量。所谓数额较大，根据《最高人民法院关于审理盗窃案件具体应用法律若干问题的解释》之规定，是指个人盗窃公私财物价值人民币5百元至2千元以上。各省、自治区、直辖市高级人民法院可根据本地区经济发展状况，并考虑社会治安状况，在上述数额幅度分别确定本地区执行的"数额较大"的标准。所谓多次，是指在一定时间内即1年内入户盗窃或者在公共场所扒窃3次以上。如果没有达到数额较大且盗窃次数亦没有达到多次，则不能构成本罪。

目前，电力设施被盗严重，许多盗窃者对偷盗电力设施行为的性质存在误解，以为盗窃的数额不大，惩罚也不会太重。其实，偷盗正在使用中的电力设备，就已经从"盗窃"升级为"破坏电力设备"，以毁坏、拆卸、割断等方式破坏发电、供电的公共设备，有可能引起不特定多数人伤亡，危害了公共安全即以量刑更重的破坏电力设备罪论处。

**4. 窝藏、转移、收购、销售赃物罪**

窝藏、转移、收购、销售赃物罪，是指明知是犯罪所得的赃物而予以窝藏转移、收购或者代为销售的行为。

《刑法》第三百一十二条规定："明知是犯罪所得的赃物而予以窝藏、转移、收购或者代为销售的，处三年以下有期徒刑、拘役或者管制，并处或者单处罚金。"本罪在客观方面表现为明知是犯罪所得的赃物而予以窝藏、转移、收购或者代为销售的行为；主观方面由故意构成，即明知是他人犯罪所得的赃物而予以窝藏、转移、收购或者代为销售。

近几年，废品收购网点发展迅速，秩序混乱，由于缺乏经常性的检查、管理、控制和查处力度，非法收购现象十分严重，为不法分子盗窃、破坏电力设施起着推波助澜的作用。

实践中应注意本罪与共同犯罪的区别。窝藏、转移、收购、销售赃物罪是其在他人犯罪获得赃物之后实施的。如果在作案前有通谋，作案后帮助窝赃、销赃的；引诱、指使青少年进行犯罪活动，从中分赃或者廉价收买其赃物从中渔利的，构成共同犯罪，不属窝藏、转移、收购、销售赃物罪。

## 不同电压等级的安全距离

1. 电力设施保护区(《电力设施保护条例》)。

| 电压等级 | 1 ～ 10 千伏 | 35 ～ 110 千伏 | 154 ～ 330 千伏 | 500 千伏 |
|---|---|---|---|---|
| 安全距离 | 5 米 | 10 米 | 15 米 | 20 米 |

2. 架空电力线路导线两侧各 300 米的区域内禁止放风筝。《电力设施保护条例》任何单位和个人不得在距电力设施周围 500 米范围内(指水平距离)进行爆破作业(《电力设施保护条例实施细则》)。

3. 边导线与建筑物间的最少平行距离(《110 千伏—500 千伏架空送电线路设计技术规程》《66 千伏以下架空线路设计规范》)。

| 电压等级 | 3 千伏及以下 | 3 ～ 10 千伏 | 35 千伏 | 110 千伏 | 220 千伏 |
|---|---|---|---|---|---|
| 距离 | 1 米 | 1.5 米 | 3 米 | 4 米 | 5 米 |

4. 导线与建筑物间的最小垂直距离。

| 电压等级 | 3 千伏及以下 | 3 ～ 10 千伏 | 35 千伏 | 110 千伏 | 220 千伏 |
|---|---|---|---|---|---|
| 距离 | 2.5 米 | 3 米 | 4 米 | 5 米 | 6 米 |

5. 树与导线平行安全距离。

| 电压等级 | 1 ～ 10 千伏 | 35 ～ 110 千伏 | 220 千伏 |
|---|---|---|---|
| 距离 | 3 米 | 3.5 米 | 4 米 |

6. 树与导线垂直安全距离。

| 电压等级 | 1 ～ 10 千伏 | 35 ～ 110 千伏 | 220 千伏 |
|---|---|---|---|
| 距离 | 3 米 | 34 米 | 4.5 米 |

7. 导线与高速公路、一二级公路及城市一二级道路(村与村之间的道路)的垂直距离。

| 电压等级 | 3 千伏及以下 | 10 ～ 110 千伏 | 220 千伏 |
|---|---|---|---|
| 距离 | 6 米 | 7 米 | 8 米 |

8. 配电箱底部距地面 2.5 米以上，线路套管或电缆可以 2 米以上。

9. 令克对地安全距离（刀闸拉开后最底部对地的距离）：室外 2.7 米、室内 2.5 米。

10. 导线对地距离。

| 电压<br>地区 | 3 千伏及以下 | 3 ~ 10 千伏 | 35 ~ 110 千伏 |
|---|---|---|---|
| 人口密集地区 | 6 米 | 6.5 米 | 7 米 |
| 人口稀少地区 | 5 米 | 5.5 米 | 6 米 |
| 交通困难地区 | 4 米 | 4.5 米 | 5 米 |

11. 导线与果树、经济作物、城市绿化灌木之间的最少垂直距离。

| 电压等级 | 3 千伏及以下 | 3 ~ 10 千伏 | 35 ~ 110 千伏 | 220 千伏 |
|---|---|---|---|---|
| 距离 | 1.5 米 | 1.5 米 | 3 米 | 3.5 米 |

12. 线路水平安全距离。

| 电压等级 | 1 千伏及以下 | 6 ~ 110 千伏 | 35 ~ 110 千伏 |
|---|---|---|---|
| 距离 | 2.5 米 | 2.5 米 | 5 米 |